# Welcome

Thank you for choosing Page A Day Math, a great way to introduce essential math basics and writing numbers. Page A Day Math books help your child develop a solid math foundation through daily step-by-step practice, repetition, and of course, the friendly Math Squad!

How to Use This Book
1. Student traces and solves each problem, completing a page a day, front and back.
2. Parent checks answers and circles incorrect problems.
3. Student corrects errors.
4. Student colors in achievement stars each day when finished!

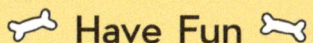 Have Fun

Copyright © 2017 by Page A Day Math. All rights reserved. Published by Page A Day Math LLC. Page A Day Math with the Math Squad is a trademark of Page A Day Math. Page A Day Math and Page A Day Math with the Math Squad and all associated logos are trademarks and/or registered trademarks of Page A Day Math LLC.

ISBN – 978-1-947286-02-3

No part of this publication may be reproduced, stored in a retrieval system, or transmitted in any form or by any means, electronic, mechanical, photocopying, recording, or otherwise, without written permission from the publisher. For information regarding permission, write to Page A Day Math, Attention: Permission Department, 6890 E Sunrise Dr. Suite 120-203, Tucson, AZ 85750. Created and written by Janice Auerbach.

 # Getting Started

This book belongs to _____

Dear Super Hero Math Student,

You can be a Math Squad Super Hero like Flo, Jo, Bo, Zo, and me! Practice every day and you'll be a math star too!

P.S. Check out what my math buddies and I are up to in the Math Squad Monthly at www.PageADayMath.com.

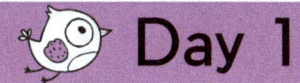 # Day 1

Count ➡ 0 + ≡ = ≡

Learn ➡ 0 + 3 = 3

Trace ➡ 0 + 3 = 3

Copy ➡ ☐ + ☐ = ☐

Jo says, "Practice and be a math star like me!"

1) 0 + 3 = ☐   6) 2 + 9 = ☐

2) 10 + 2 = ☐   7) 3 + 0 = ☐

3) 3 + 0 = ☐   8) 7 + 2 = ☐

4) 2 + 8 = ☐   9) 0 + 3 = ☐

5) 0 + 3 = ☐   10) 6 + 2 = ☐

Day 1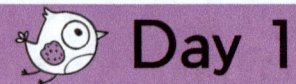

Wow, you are learning fast. Here are a few more.

11) 0 + 3 =

12) 10 + 2 =

13) 2 + 7 =

14) 3 + 0 =

15) 8 + 2 =

16) 2 + 5 =

17) 0 + 3 =

18) 2 + 3 =

19) 3 + 0 =

20) 2 + 9 =

21) 4 + 2 =

22) 0 + 3 =

23) 2 + 2 =

24) 6 + 2 =

☆ Color in the stars each day when you finish!

 # Day 2

Count ➪   🦴 + 🦴🦴🦴 = 🦴🦴🦴🦴

Learn ➪   1 + 3 = 4

Trace ➪   1 + 3 = 4

Copy ➪   ☐ + ☐ = ☐

You are on your way to success! Try these!

1) 1 + 3 = ☐   6) 9 + 2 = ☐

2) 3 + 0 = ☐   7) 3 + 1 = ☐

3) 3 + 1 = ☐   8) 2 + 10 = ☐

4) 2 + 8 = ☐   9) 1 + 3 = ☐

5) 1 + 3 = ☐   10) 0 + 3 = ☐

Day 2

You are coming along. Practice makes perfect.

11) 1 + 3 =

12) 10 + 1 =

13) 1 + 7 =

14) 3 + 1 =

15) 0 + 3 =

16) 1 + 8 =

17) 3 + 0 =

18) 3 + 0 =

19) 4 + 1 =

20) 1 + 3 =

21) 6 + 1 =

22) 1 + 9 =

23) 1 + 5 =

24) 3 + 1 =

 Color in the stars each day when you finish!

 **Day 3**

Count ⇨ 🦴 + 🦴 = 🦴

Learn ⇨ 2 + 3 = 5

Trace ⇨ 2 + 3 = 5

Copy ⇨ ☐ + ☐ = ☐

Hurray! Keep going. You've got it.

1) 2 + 3 = ☐
2) 3 + 1 = ☐
3) 3 + 2 = ☐
4) 0 + 3 = ☐
5) 2 + 3 = ☐

6) 6 + 1 = ☐
7) 3 + 2 = ☐
8) 1 + 3 = ☐
9) 2 + 3 = ☐
10) 3 + 0 = ☐

© 2017 Page A Day Math, LLC

Day 3

Now review what you have learned. Alright!

11) 3 + 1 =

12) 2 + 3 =

13) 8 + 1 =

14) 0 + 3 =

15) 3 + 2 =

16) 1 + 9 =

17) 1 + 3 =

18) 3 + 0 =

19) 1 + 3 =

20) 7 + 1 =

21) 2 + 3 =

22) 1 + 5 =

23) 10 + 1 =

24) 3 + 2 =

 Color in the stars each day when you finish!

 # Day 4 Review

Practice makes perfect. That's right!

1) $2 + 3 = \square$

2) $3 + 0 = \square$

3) $3 + 1 = \square$

4) $2 + 10 = \square$

5) $3 + 2 = \square$

6) $6 + 2 = \square$

7) $1 + 3 = \square$

8) $0 + 3 = \square$

9) $2 + 9 = \square$

10) $2 + 3 = \square$

11) $8 + 2 = \square$

12) $1 + 3 = \square$

13) $2 + 7 = \square$

14) $3 + 2 = \square$

 # Day 4 Review

Keep practicing! You are getting better each day. Woof!

15) 10 + 1 = ▢   22) 6 + 2 = ▢

16) 1 + 3 = ▢   23) 1 + 3 = ▢

17) 3 + 2 = ▢   24) 2 + 8 = ▢

18) 2 + 10 = ▢   25) 3 + 0 = ▢

19) 7 + 2 = ▢   26) 9 + 2 = ▢

20) 0 + 3 = ▢   27) 2 + 3 = ▢

21) 3 + 2 = ▢   28) 3 + 1 = ▢

 Color in the stars each day when you finish!

Day 5

Count ⇨ 🦴 + 🦴 = 🦴

Learn ⇨ 3 + 3 = 6

Trace ⇨ 3 + 3 = 6

Copy ⇨ ☐ + ☐ = ☐

You are doing so well. Keep it up. Terrific!

1) 3 + 3 = ☐   6) 3 + 1 = ☐

2) 1 + 4 = ☐   7) 3 + 3 = ☐

3) 3 + 2 = ☐   8) 2 + 3 = ☐

4) 3 + 3 = ☐   9) 0 + 3 = ☐

5) 1 + 3 = ☐   10) 3 + 3 = ☐

 # Day 5

You are getting better each day. Woof! Yippee!

11) 3 + 3 = ☐   18) 3 + 1 = ☐

12) 3 + 0 = ☐   19) 10 + 2 = ☐

13) 2 + 3 = ☐   20) 3 + 3 = ☐

14) 2 + 8 = ☐   21) 3 + 0 = ☐

15) 3 + 3 = ☐   22) 3 + 2 = ☐

16) 1 + 3 = ☐   23) 2 + 7 = ☐

17) 2 + 3 = ☐   24) 3 + 3 = ☐

Day 6

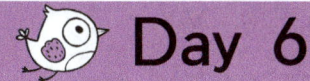

Count ⇨  +  =

Learn ⇨ 4 + 3 = 7

Trace ⇨ 4 + 3 = 7

Copy ⇨

Jo says, "Try these...woof...go for it!"

1) 4 + 3 =

2) 2 + 3 =

3) 3 + 4 =

4) 3 + 3 =

5) 4 + 3 =

6) 3 + 3 =

7) 3 + 4 =

8) 3 + 2 =

9) 4 + 3 =

10) 1 + 3 =

© 2017 Page A Day Math, LLC

 # Day 6

You are on the right track. Hurray. Keep it up!

11) 4 + 3 = 18) 1 + 8 =

12) 3 + 1 = 19) 2 + 5 =

13) 0 + 3 = 20) 3 + 3 =

14) 3 + 4 = 21) 3 + 0 =

15) 1 + 3 = 22) 3 + 4 =

16) 3 + 2 = 23) 2 + 3 =

17) 4 + 3 = 24) 3 + 3 =

 # Day 7

Count ⇨

Learn ⇨ 5 + 3 = 8

Trace ⇨ 5 + 3 = 8

Copy ⇨

OK, now try these. Bo knows you can do it.

1) 5 + 3 =

2) 1 + 3 =

3) 3 + 5 =

4) 3 + 2 =

5) 4 + 3 =

6) 2 + 3 =

7) 3 + 5 =

8) 3 + 4 =

9) 0 + 3 =

10) 5 + 3 =

© 2017 Page A Day Math, LLC

Day 7

Terrific! Good for you. Now finish these.

11) 5 + 3 =   18) 3 + 4 =

12) 3 + 2 =   19) 1 + 3 =

13) 4 + 3 =   20) 3 + 5 =

14) 2 + 10 =   21) 2 + 3 =

15) 3 + 5 =   22) 0 + 3 =

16) 1 + 3 =   23) 3 + 4 =

17) 2 + 3 =   24) 5 + 3 =

 # Day 8 Review

You are doing a wonderful job. Keep it up. Yay!

1) 3 + 5 =

2) 3 + 2 =

3) 2 + 9 =

4) 4 + 3 =

5) 8 + 2 =

6) 3 + 3 =

7) 1 + 3 =

8) 3 + 5 =

9) 3 + 3 =

10) 10 + 2 =

11) 5 + 3 =

12) 2 + 3 =

13) 4 + 2 =

14) 3 + 4 =

Day 8 Review

You are a super hero math star! Hurray!

15) $2 + 10 =$ ☐   22) $1 + 3 =$ ☐

16) $3 + 3 =$ ☐   23) $3 + 5 =$ ☐

17) $9 + 2 =$ ☐   24) $2 + 3 =$ ☐

18) $1 + 3 =$ ☐   25) $3 + 4 =$ ☐

19) $3 + 5 =$ ☐   26) $8 + 2 =$ ☐

20) $2 + 3 =$ ☐   27) $3 + 3 =$ ☐

21) $4 + 3 =$ ☐   28) $7 + 2 =$ ☐

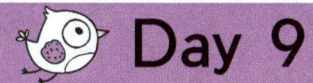 # Day 9

Count ⇨ ▦ + ▦ = ▦▦

Learn ⇨ 6 + 3 = 9

Trace ⇨ 6 + 3 = 9

Copy ⇨ ☐ + ☐ = ☐

You are really improving. Bark-bark. Yippee!

1) 6 + 3 = ☐   6) 3 + 2 = ☐

2) 3 + 4 = ☐   7) 3 + 6 = ☐

3) 2 + 3 = ☐   8) 5 + 3 = ☐

4) 3 + 6 = ☐   9) 3 + 4 = ☐

5) 5 + 3 = ☐   10) 6 + 3 = ☐

Day 9

Super! You are doing so well. Yay!

11) 4 + 3 =

12) 3 + 6 =

13) 2 + 3 =

14) 5 + 3 =

15) 3 + 1 =

16) 3 + 4 =

17) 6 + 3 =

18) 3 + 5 =

19) 0 + 3 =

20) 4 + 3 =

21) 3 + 1 =

22) 6 + 3 =

23) 5 + 3 =

24) 3 + 2 =

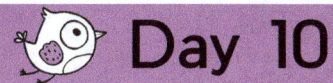 # Day 10

Count ➪ 🦴🦴 + 🦴 = 🦴🦴🦴

Learn ➪ 7 + 3 = 10

Trace ➪ 7 + 3 = 10

Copy ➪ ☐ + ☐ = ☐

You are so determined. Good for you! Arf-arf.

1) 3 + 5 = ☐
2) 7 + 3 = ☐
3) 3 + 6 = ☐
4) 2 + 3 = ☐
5) 3 + 7 = ☐
6) 3 + 7 = ☐
7) 3 + 1 = ☐
8) 6 + 3 = ☐
9) 7 + 3 = ☐
10) 3 + 4 = ☐

Day 10

You are improving every day. Keep up the super effort!

11) 7 + 3 =
12) 3 + 3 =
13) 4 + 3 =
14) 3 + 7 =
15) 2 + 3 =
16) 3 + 5 =
17) 3 + 6 =

18) 1 + 3 =
19) 3 + 0 =
20) 7 + 3 =
21) 3 + 6 =
22) 3 + 5 =
23) 3 + 2 =
24) 6 + 3 =

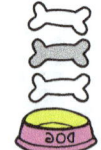

Day 11

Count ⇨

Learn ⇨ 8 + 3 = 11

Trace ⇨ 8 + 3 = 11

Copy ⇨

You have learned so much. Now try these.

1) 8 + 3 =
2) 7 + 3 =
3) 3 + 5 =
4) 3 + 8 =
5) 6 + 3 =

6) 3 + 4 =
7) 8 + 3 =
8) 3 + 7 =
9) 2 + 3 =
10) 3 + 8 =

Day 11

You make it look easy. Way to go. You are awesome.

11) 8 + 3 =   18) 3 + 2 =

12) 3 + 6 =   19) 3 + 7 =

13) 1 + 3 =   20) 8 + 3 =

14) 3 + 8 =   21) 3 + 4 =

15) 4 + 3 =   22) 5 + 3 =

16) 3 + 5 =   23) 0 + 3 =

17) 7 + 3 =   24) 3 + 8 =

Day 12 Review

You did it. You are a math star! Tremendous.

1) 9 + 2 =

2) 3 + 3 =

3) 3 + 7 =

4) 2 + 10 =

5) 3 + 6 =

6) 2 + 3 =

7) 3 + 8 =

8) 4 + 3 =

9) 3 + 7 =

10) 3 + 3 =

11) 3 + 5 =

12) 8 + 3 =

13) 3 + 7 =

14) 3 + 1 =

Day 12 Review

You have it now. Keep up the super effort. Go for it.

15) 3 + 7 =

16) 6 + 3 =

17) 3 + 3 =

18) 10 + 2 =

19) 3 + 1 =

20) 3 + 8 =

21) 4 + 3 =

22) 2 + 9 =

23) 2 + 3 =

24) 6 + 3 =

25) 3 + 8 =

26) 0 + 3 =

27) 2 + 8 =

28) 5 + 3 =

Day 13

Count ⇨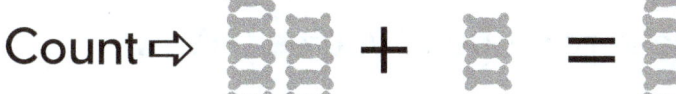

Learn ⇨ 9 + 3 = 12

Trace ⇨ 9 + 3 = 12

Copy ⇨

You have the hang of it. You're great at math!

1) 3 + 9 =

2) 3 + 5 =

3) 8 + 3 =

4) 9 + 3 =

5) 3 + 6 =

6) 3 + 7 =

7) 9 + 3 =

8) 3 + 8 =

9) 4 + 3 =

10) 3 + 9 =

Day 13

Nice going. You can be very proud of yourself. Wow!

11) 3 + 9 =
12) 5 + 3 =
13) 8 + 3 =
14) 3 + 6 =
15) 9 + 3 =
16) 3 + 4 =
17) 3 + 7 =

18) 7 + 3 =
19) 3 + 9 =
20) 1 + 3 =
21) 3 + 8 =
22) 3 + 0 =
23) 2 + 3 =
24) 9 + 3 =

Day 14

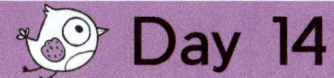

Count ➡ 🦴🦴 + 🦴 = 🦴🦴🦴

Learn ➡ 10 + 3 = 13

Trace ➡ 10 + 3 = 13

Copy ➡ ☐ + ☐ = ☐

Look how far you have come! Ruff-ruff!

1) 10 + 3 = ☐   6) 3 + 6 = ☐

2) 3 + 7 = ☐   7) 3 + 4 = ☐

3) 9 + 3 = ☐   8) 10 + 3 = ☐

4) 3 + 5 = ☐   9) 3 + 8 = ☐

5) 3 + 10 = ☐   10) 3 + 10 = ☐

© 2017 Page A Day Math, LLC

Day 14

Hurray! You earned a certificate. Super cool. Yippee!

11) 10 + 3 = ☐
12) 3 + 7 = ☐
13) 2 + 3 = ☐
14) 3 + 9 = ☐
15) 0 + 3 = ☐
16) 3 + 6 = ☐
17) 8 + 2 = ☐

18) 3 + 4 = ☐
19) 8 + 3 = ☐
20) 5 + 3 = ☐
21) 9 + 3 = ☐
22) 3 + 10 = ☐
23) 9 + 2 = ☐
24) 1 + 3 = ☐

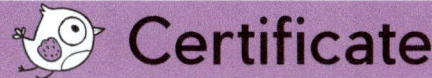  

Certificate

HURRAY! YOU ARE A MATH STAR!

THE MATH SQUAD CONGRATULATES _____ FOR COMPLETING **ADDITION AND COUNTING, BOOK 3.**

www.ingramcontent.com/pod-product-compliance
Lightning Source LLC
Chambersburg PA
CBHW081402080526
44588CB00016B/2575